感谢赛义德·图巴·贾韦德的编辑协助，里图拉杰·辛格的图片研究协助，
波莉·古德曼的校对工作，海伦·彼得斯的整理工作，
丹尼尔·朗的特写插图，安吉拉·里扎的图案和封面插图。

DK

绚丽的蝴蝶与飞蛾

温馨提示：本书将引领你踏入蝴蝶与飞蛾的奇妙世界，带你开阔眼界、增长知识。我们绝不鼓励随意捕捉这些美丽的生物，除非是出于科学探索的目的，且严谨有序地操作。昆虫的数量普遍减少，许多蝴蝶与飞蛾成为法律保护的珍稀物种；也有些飞蛾仍然常见，可能成为我们家中的“不速之客”，其中一些飞蛾身上的细小鳞片，对于某些敏感的人群来说，可能会引发皮肤不适或呼吸道问题。

DK

绚丽的蝴蝶与飞蛾

[英] 理查德·琼斯 著
[英] 安吉拉·里扎 [英] 丹尼尔·朗 绘 诸葛雯 译

中信出版集团 | 北京

目录

揭秘
蝴蝶与飞蛾

蝴蝶与飞蛾都是昆虫。它们看起来非常相似，有的甚至很难区分。目前，世界上已知的蝴蝶与飞蛾约有18万种。然而，还有很多未知的种类，尤其是藏在热带丛林深处的，等待我们去发现。

蝴蝶与飞蛾种类繁多。它们形态各异，色彩斑斓，花纹多变

夹竹桃天蛾的身上有漂亮的绿色与紫粉色旋涡图案

有翅类昆虫

蝴蝶和飞蛾都属于昆虫纲的鳞翅目。鳞翅，顾名思义就是“有鳞片的翅膀”。这源于它们的两对大翅上覆盖着很多细小且相互重叠的彩色鳞片。

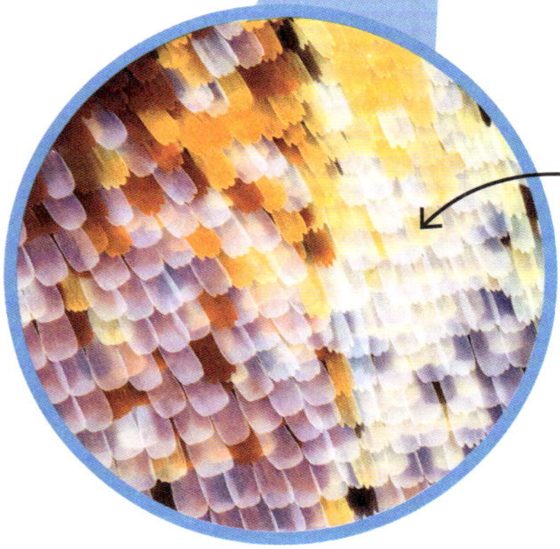

每种鳞片通常只有一种颜色，但当它们组合在一起时，就能形成各种各样的奇妙图案

彩色鳞片

这些扁平的鳞片就像是小小的马赛克片，它们组合在一起，展现出丰富多彩的颜色与图案。这些鳞片原本是简单的毛，经过长时间的演变，这些毛逐渐变得扁平，在表面形成了棱纹。

幼虫

蝴蝶和飞蛾都由幼虫发育而成。这些幼虫的外形与有翅成虫完全不同。为了不被其他动物吃掉，幼虫通常很会躲藏。直到羽化为成虫，它们才会展开翅膀飞向远方，寻找伴侣，建立新的族群。

神话中的蝴蝶

蝴蝶色彩鲜艳、体态优美，几千年来，一直都很受人们的喜爱，也是被广泛研究的对象。希腊神话就将人类灵魂的化身普赛克描绘成一名拥有蝴蝶翅膀的女子。

寻找差异

蝴蝶与飞蛾，到底有什么不同呢？人们通常认为，蝴蝶翅膀宽大，色彩鲜艳，而飞蛾翅膀较窄，色彩暗淡。其实，蝴蝶与飞蛾同属昆虫纲鳞翅目，二者相差无几。自然界中也不乏色彩斑斓的日行性蛾类，同样也存在体形小巧、色泽朴素的蝴蝶种类。

蝴蝶的鲜艳色彩，在寻找伴侣时往往发挥着关键作用

蝴蝶

通常来说，蝴蝶色彩绚丽，拥有宽展的翅膀，在沐浴阳光时会将翅膀尽情展开，休憩时则会如书页般合拢。它们的触角细长且末端常膨大成棒状。蝴蝶喜欢在白天飞行，阳光明媚、气候温暖时，我们总能在公园与花园里看到一些熟悉的蝴蝶种类在翩翩起舞。

尽管体形小巧、色泽棕黄、翅膀收拢角度各异，但弄蝶依然被归入蝴蝶大家庭中

钩粉蝶

名字的由来

“蝴蝶”的英文 butterfly 的起源，至今仍是个谜。它或许源于早春时节，北欧地区最早出现的那种如黄油（butter）般鲜亮的黄色钩粉蝶。

这其实是一种飞蛾，却比许多蝴蝶还要绚丽明艳

这种日行性飞蛾拥有与蝴蝶类似的棒状触角

飞蛾

我们常说的飞蛾，大多色泽暗淡，身带斑纹或伪装图案，翅膀相对蝴蝶较狭小，休息时翅膀像帐篷一样收叠在身体上。它们的触角细长或呈羽状。飞蛾喜欢在夜间活动，在人们的印象中，它们往往是路灯下盘旋的模糊影子，或是从衣柜中突然飞出的棕褐色小飞虫。

幼虫

蝴蝶幼虫与飞蛾幼虫也很难区分。它们体表或光滑或密布刚毛，色泽从鲜艳到暗绿或棕褐，不一而定；形态也千差万别，有的长而细，有的短而胖。

进食时刻

蝴蝶与飞蛾在成虫阶段也会觅食，但进食较少，其在幼虫阶段，大部分时间都在不停吃东西，不停生长！几乎所有蝴蝶与飞蛾的幼虫都以植物为食，而大多数的成虫则以花蜜为食。

幼虫如何进食

不同的幼虫会选择不同种类的植物作为食物，而且通常只取食其中的一部分，如芽、花、叶、茎、根、果实等。从破卵而出到发育成熟，一只幼虫会消耗掉相当于自身体重数百倍甚至数千倍的食物。

它们利用两个发达的上颚来研磨坚硬的植物组织

有些幼虫能在茎秆上咬出洞来，从而切断植物的营养和水分供应

有些微小的飞蛾幼虫则生活在叶片内部，它们会在叶片内啃出一条隧道（也称作“潜道”）

蝴蝶与飞蛾如何觅食

蝴蝶与飞蛾是虹吸式口器，即一条细长的管状喙，就像“吸管”一样，还能卷曲。它们利用这根“吸管”来吸食花朵中的花蜜、湿润泥土中的水分，或是受损树皮处流出的树液。当它们停止生长后，这些富含糖分的化学物质便会为它们的飞行、交配与产卵提供能量。

管状喙由两根细管组成，不觅食时通常呈螺旋状卷曲

觅食时，两根细管会在中间合拢，将液体吸入体内

蝴蝶时常会从一些令人意想不到的东西上获取营养与水分，如动物的排泄物和腐烂的果实

变态

当幼虫完全长大后，它会经历一场奇妙的蜕变。在蜕去最后一层柔软的表皮后，它便待在坚硬的外壳内成了蛹。此时，幼虫体内会生成一种半流质的营养物质，用以孕育成虫——蝴蝶或蛾。

幼虫与蝴蝶

蝴蝶和飞蛾的成虫具有幼虫所没有的许多特征，如触角、翅膀、复眼、虹吸式口器、分节的足，以及雌雄两性用于产生卵或精子的生殖器官。幼虫体内已经出现了这些构造的雏形，但仅以微小的胚胎细胞群的形式存在。一种名为保幼激素的特殊化学物质会阻止这些构造在幼虫阶段发育。

当幼虫完全成熟之时，就会停止分泌保幼激素

接着，幼虫会蜕去最后一层外皮，露出蛹来

从蛹中孵化出成虫，可能需要几天到几个月不等

5

破蛹而出

当成虫准备好时，就会破开蛹壳爬出来。初时，它的翅膀又软又皱，需要展开并晾干才能飞行。

4

成虫从蛹壳中爬出后，会向翅脉中注入液体，使翅膀展开，为飞行做准备

3

在坚硬的蛹壳内，成虫的足、触角、翅膀与眼睛开始发育

热带雨林

热带雨林是地球上鳞翅目昆虫种类最丰富的地方，因为这里的各种树木和攀缘植物为幼虫提供了丰富的食物。多数物种栖息在树冠层中。蝴蝶喜欢在阳光下飞舞，偶尔才会落在昏暗的森林地面；飞蛾白天大多躲在叶片或树干上休息，直到夜间才出来活动。在热带雨林中，由于它们体形较大、色彩鲜艳，所以容易被发现。在丛林深处，人们还在不断发现新的、不同的蝴蝶与飞蛾种类。然而，这些树木却因其木材价值而常常遭到大面积砍伐，破坏了这些小动物的生存环境。

宽纹黑脉绡蝶

Greta oto

宽纹黑脉绡蝶又称玻璃翼蝶，恰如其名，翅膀仿佛是用玻璃制成的。这类蝴蝶在幽暗的森林中轻盈飞舞，除非停留在叶片或花朵上，否则难以被察觉。它们的翅膀上其实覆有鳞片，但这些鳞片极为细小且狭长，看起来就像是微小的毛，再加上分布稀疏，使得翅膀近乎透明。

亚历山大鸟翼凤蝶

Ornithoptera alexandrae

亚历山大鸟翼凤蝶（Queen Alexandra's birdwing）雌蝶翅展可达 280 毫米，是世界上最大的蝴蝶。雄蝶则与雌蝶完全不同，它们体形较小，色彩更加绚丽。人们于 1906 年首度发现这种蝴蝶，并以英国王后亚历山德拉（Queen Alexandra）的名字命名它。

东南亚红鸟翼凤蝶

Ornithoptera croesus

小档案

· 仅生活在印度尼西亚的几个岛屿上。

· 雌性为深棕色，带有白色斑纹。

· 由于乱砍滥伐森林和过量使用杀虫剂，该物种正面临危险。

1859 年，英国旅行家、科学家阿尔弗雷德 · 拉塞尔 · 华莱士，在印度尼西亚巴占岛的丛林高树上，首次发现这种美丽的蝴蝶。他深感兴奋，以至于头痛了一整天！华莱士以吕底亚王国（位于今土耳其）国王克罗伊斯的名字为这种蝴蝶命名。这位古老的国王大约生活在 2500 年前，以坐拥大量黄金而闻名。

大蓝闪蝶

Morpho menelaus

大蓝闪蝶是世界上最美丽的昆虫之一。它们在热带雨林的树梢上飞舞。其实，这种蓝色并不是它真正的颜色，而是由翅膀上鳞片形成的微小凹槽折射和散射阳光中的蓝光所产生的。这些凹槽只有在最强大的显微镜下才能看到。

小档案

- 分布在中美洲和南美洲。
- 雌蝶的翅膀有宽阔的黑边。
- 有时，这种金属蓝色的翅膀会被用来制作昂贵的珠宝。

猫头鹰环蝶

Caligo idomeneus

这种大型蝴蝶休息时，翅膀会合拢在一起，翅膀下方的眼斑让它看起来就像是猫头鹰的头。此外，白色和棕色相间的波浪形条纹酷似蓬松的羽毛。这种巧妙的伪装称作拟态，让捕食者在攻击前犹豫不决，从而为自己争取到逃跑的宝贵时间。

枯叶蛱蝶

Kallima inachus

枯叶蛱蝶在林中飞行时，翅膀正面的橙色条纹会像灯塔的光一样时隐时现。当它落在树枝上休息时，就会将翅膀合拢，并竖立于背上，只露出伪装巧妙的翅膀背面。任何追逐这种橙色标记的捕食者都会为这种隐身术所迷惑。

小档案

- 分布在中国、印度、日本、缅甸、泰国等地。
- 雨季时，它的体色会变深，看起来就像是被雨水浸湿的叶子。

白瞳拟叶夜蛾

Phyllodes verhuelli

白瞳拟叶夜蛾休息时双翅合拢，看起来就像是一片树叶。它会猛然展开双翅，露出醒目的红白色斑纹，令捕食者猝不及防，从而为自己争取到宝贵的逃生时间。

翅展可达45毫米

红涡蛱蝶

Diaethria clymena

红涡蛱蝶的翅膀正面以黑色为底，点缀着具金属光泽的蓝绿色鳞片。翅膀反面则是由红、白、黑三色交织出的鲜艳花纹。这种美丽的蝴蝶展翅飞翔时，就仿佛一盏明灯在空中忽上忽下。

宽铃钩蛾

Macrocilix maia

当宽铃钩蛾停在宽大的叶片上时，翅膀上的花纹就像两只红眼蓝丽蝇正在啄食一摊鸟粪。在捕食者眼中，这可不是什么美味的食物。这番伪装使得它们巧妙地躲避开鸟类的捕食。

小档案

· 幼虫以栓皮栎的叶片为食。

· 主要分布在中国、印度、日本、韩国等亚洲国家。

乌桕大蚕蛾

Attacus atlas

这种巨型飞蛾，又称皇蛾，拉丁学名来自希腊神话中托举天空的巨人阿特拉斯（Atlas）。它是翅膀最大的飞蛾，而强喙夜蛾则是翅展最大的飞蛾。当乌桕大蚕蛾在树叶上休息时，点缀着黑点与红纹的弯曲翅顶角酷似蜥蜴或蛇的头。

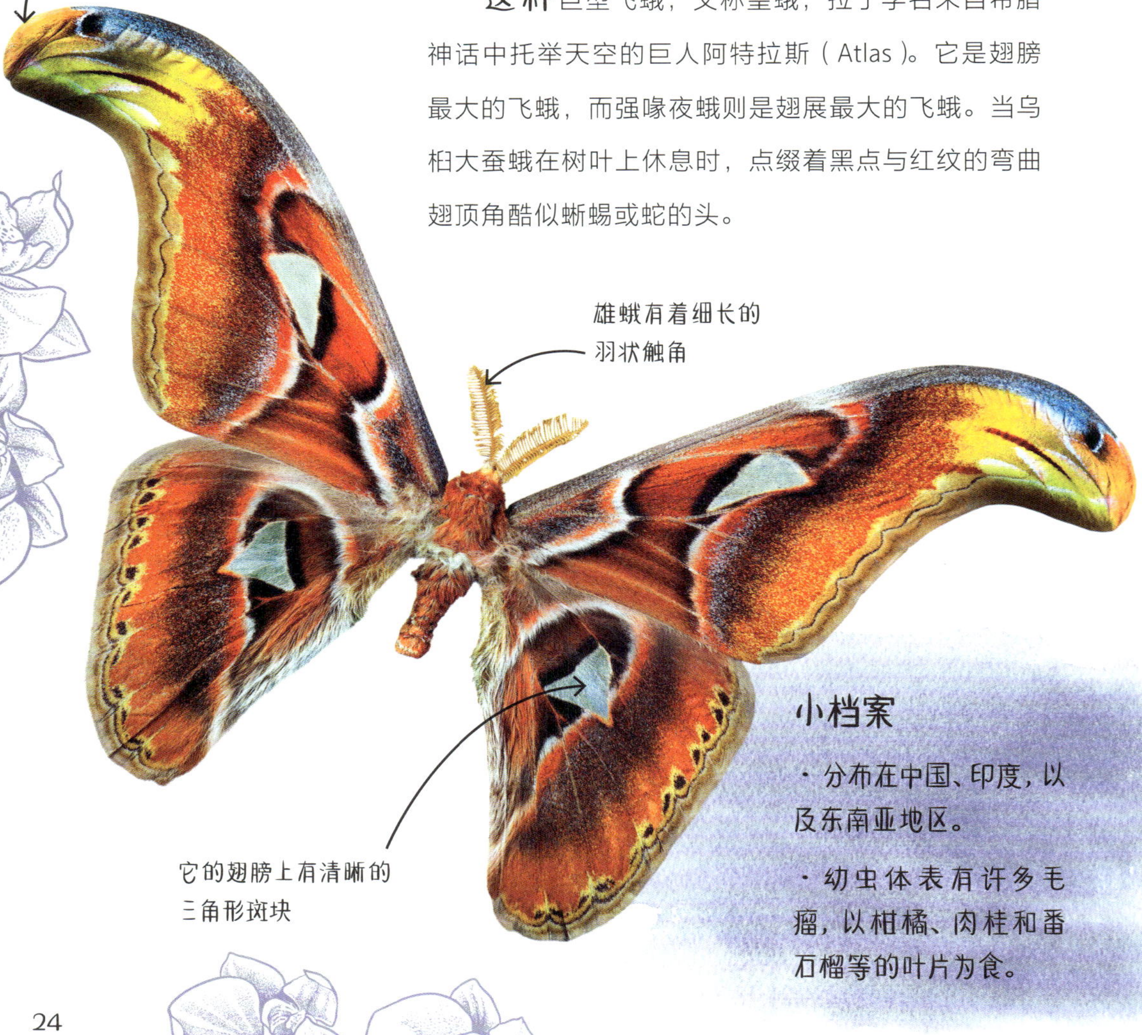

小档案

· 分布在中国、印度，以及东南亚地区。

· 幼虫体表有许多毛瘤，以柑橘、肉桂和番石榴等的叶片为食。

非洲月天蚕蛾

Argema mimosae

当非洲月天蚕蛾停在树枝上时，它的翅膀会合拢，就像一片半月形的叶子。它长长的尾突会轻轻摆动，这一举动能够分散捕食者的注意力或是迷惑捕食者，从而引导捕食者攻击尾突。

翅展可达300毫米

强喙夜蛾

Thysania agrippina

强喙夜蛾的英文名字（white witch moth，白女巫巨夜蛾）源自关于它们的一个故事。19 世纪，猎人曾试图用枪将它们从树梢击落。尽管有时铅弹能够射穿它宽大的翅膀，却很难命中它纤细的身体。因此，它总能继续飞舞，如同受到魔法庇护的女巫一般。

小档案

· 它是世界上翅展最大的飞蛾。

· 主要分布在南美洲和中美洲。人们偶尔也能在美国南部见到它们的身影。

马岛长喙天蛾

Xanthopan morganii

当马岛长喙天蛾的口器（管状喙）完全伸直时，长度可超过 280 毫米。凭借这根长长的口器，它能够轻巧地探入彗星兰的花距深处。彗星兰的花蜜就藏在长度超过 300 毫米的细长花距底部。

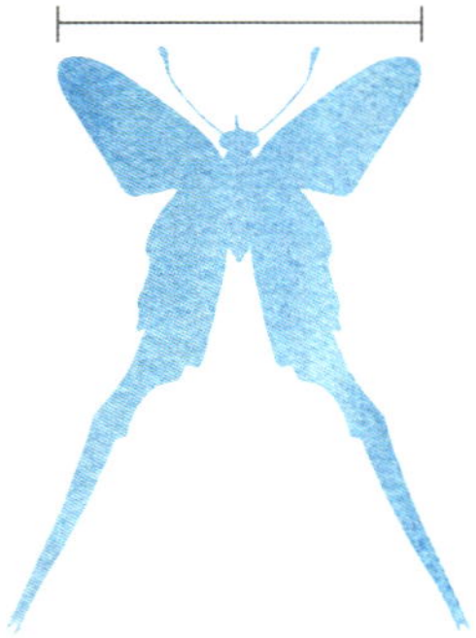

绿带燕凤蝶

Lamproptera meges

绿带燕凤蝶经常到溪流边喝水。它长长的尾突会上下微微摆动，颇似蚱蜢的触角，让捕食者难以判断它头部的真实位置，从而无法绕到它的身后进行扑食。

小档案

- 体长 60 毫米。
- 分布在中国、印度，以及东南亚地区。

八眼蛱蝶

Precis octavia

在干燥的冬季，羽化的八眼蛱蝶翅膀多呈蓝色，近缘处有一条淡红色的斑点带。然而，在潮湿的夏季，破蛹而出的成虫的翅膀则呈现出明亮的橙色，其上点缀着黑色斑点和纹路，且体形较小。人们一度以为它们是两种完全不同的蝴蝶。季节交替时，偶尔还能见到中间型个体——这些个体同时具有两种形态的斑纹特征。

翅展可达105毫米

宛若羽毛般的长尾突

非洲白凤蝶

Papilio dardanus

非洲白凤蝶是非洲体形最大的蝴蝶之一，它有着燕尾般修长的尾突。雄蝶均黄黑相间且拥有尾突。雌蝶的色彩与花纹却各不相同，从黑色、橙色、白色到浅粉色或蓝黑色，应有尽有，有的甚至还具有与雄蝶相似的色彩和尾突。

雌蝶会模仿其他蝴蝶（多为君主斑蝶）的花纹，以欺骗捕食者，让它们以为自己也同样有毒

翅展可达230毫米

非洲巨凤蝶

Papilio antimachus

非洲巨凤蝶也是非洲体形最大的蝴蝶之一，且极为罕见，仅生活在人迹罕至的热带雨林深处。雄蝶的翅膀比雌蝶长，有时，它们会落到湿润的泥土上喝水。雌蝶则更喜欢待在高处树梢上，难得一见。至今依旧无人知晓其幼虫的形态，也不知道它们以什么为食。

小档案

- 生活在非洲热带雨林地区。
- 成虫以泥水为食，也从动物的排泄物中获取营养。

拟蚁织蛾

Xestocasis iostrota

拟蚁织蛾在叶片上驻足时，看起来就像一只正在鸣叫的蚂蚁。它会竖起簇状的后足模拟蚂蚁的触角，同时将窄翅的末端扩展成圆形来模拟蚂蚁的大脑袋。为了更完美地伪装，拟蚁织蛾甚至还能在叶片上倒退行走！

翅展可达40毫米

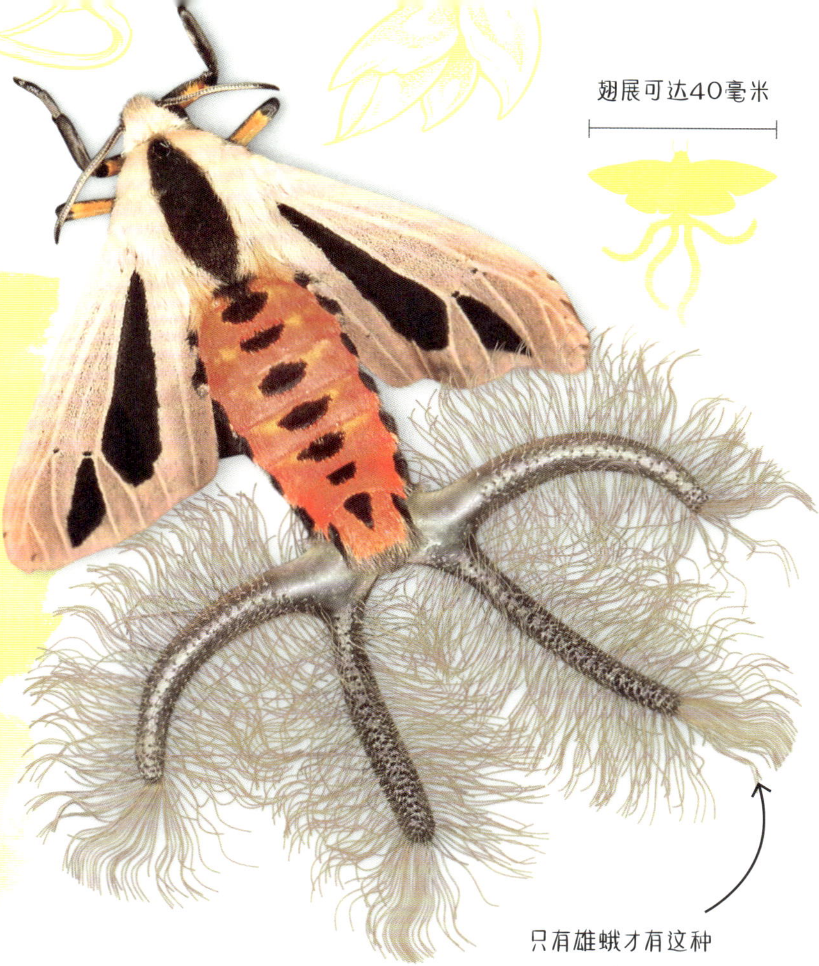

只有雄蛾才有这种可膨胀的香腺

小档案

- 主要分布在印度、日本等亚洲国家，以及澳大利亚北部。
- 幼虫以包括石榴树在内的多种植物为食。
- 休息时翅膀合拢，翅膀上的条纹与周遭的叶片和细枝融为一体。

黑条灰灯蛾

Creatonotos gangis

这种体形小巧的条纹蛾在休息时看起来颇为普通。雄蛾有一个奇特的羽状尾部结构，当需要寻找雌蛾进行交配时，它会用体液将尾巴充胀得饱满起来。这些细小的羽毛状突起能够散发出一种特殊的化学物质，我们称之为信息素。雌蛾通过触角来捕捉这种气味，并循着气味飞向源头，直至与雄蛾相遇。

翅展可达120毫米

棕色的小斑点模拟了枯叶的形态，进一步增强了伪装的效果

绿天蛾

Euchloron megaera

尽管幼虫大多是绿色的，但绿色的蝴蝶与飞蛾却极为罕见。绿天蛾休息时，会将翅膀合拢，包裹住身体。此时，翅膀的颜色与周遭树叶的颜色完全一致。然而，一旦受到惊扰，它就会展开后翅，露出耀眼的黄色，以此作为惊吓捕食者的手段。

除了亮黄色鳞片外，它的翅膀上还覆盖着灰白色鳞片

翅展可达50毫米

典雅亮瘤蛾

Diphthera festiva

典雅亮瘤蛾奶油色翅膀上那些灰蓝色印记仿佛是用墨水精心勾勒的，像极了古埃及纸莎草纸上的象形文字。当它把翅膀收拢休息时，这些印记会打破它整体的轮廓线条，使鸟类和其他捕食者难以发现它的存在，从而降低被捕食的风险。这种鲜明的花纹同时也是一种警示，告诫其他生物：此蛾味道极差，因为它的体内含有毒素。

翅展可达110毫米

非洲多尾燕蛾

Chrysiridia rhipheus

这种日行性飞蛾的色彩比许多蝴蝶还要艳丽。事实上，1773 年人们首次发现非洲多尾燕蛾时，误将它当作了蝴蝶家族的一员。直到半个世纪后，人们才意识到原来它竟是一种飞蛾！牙买加也发现过一种同样色彩斑斓的飞蛾——斯洛恩尤兰尼亚蛾。然而，遗憾的是，由于栖息地遭到破坏，这种飞蛾已经在 100 多年前灭绝了。

案

门把树懒隐螟这种搭便
亍为叫作“携播”。

门曾在一只树懒的皮毛
现了多达 120 只飞蛾。

在中美洲和南美洲。

树懒隐螟

Cryptoses choloepi

这种体形小巧的条纹蛾生活在行动缓慢的树栖哺乳动物树懒的皮毛之中。不过，它们对树懒并无害处。树懒下树排便之际，雌蛾便会振翅而出，将卵产在树懒的粪便之中。之后，孵化出的幼虫便在粪便中觅食。再过一段时间，成蛾破蛹而出之后，又会飞到树上，寻找下一只树懒，开始新的携播之旅。

红带袖蝶

Heliconius erato

从黑红相间，到黑白相间，再到黑白红交织，红带袖蝶有着多种不同色彩的花纹。花纹颜色因其生活地点而异。红带袖蝶白天喜欢在森林边缘贴地飞行，夜晚则聚集在树枝上休息。

大帛斑蝶

Idea leuconoe

这种体形较大的蝴蝶看起来像是用纸精心裁剪而成的，因此也被称作“纸鸢”或“宣纸”蝴蝶。大帛斑蝶飞行缓慢，遇到危险时，它也是轻扇翅膀，并不急于逃离捕食者的视线。这是因为它那一身醒目的浅色其实是对潜在捕食者发出的警告，表明它的体内充满毒素，而且味道极差。

小档案

- 原产于东南亚。
- 幼虫从所食的植物中收集并储存毒素，这些毒素在其蜕变成成虫后仍然留在体内。

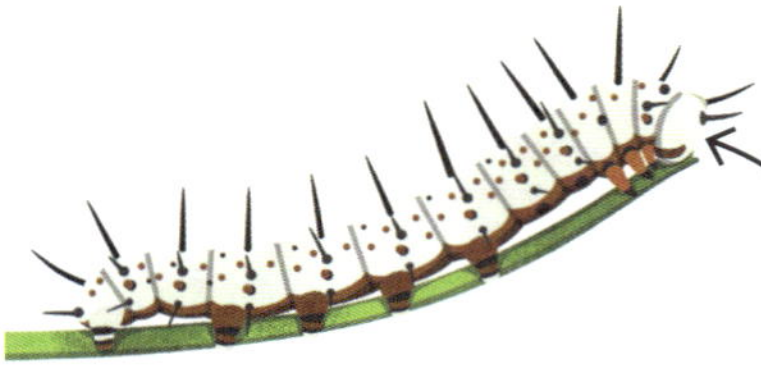

黄条袖蝶

Heliconius charithonia

黄条袖蝶休息时，翅膀上醒目的黑黄条纹会打破其整体轮廓，为它披上一层伪装，因此它不必太担心捕食者的存在。还有一个让它能够安心的原因则是，与其他色彩鲜艳的热带蝴蝶一样，黄条袖蝶的体内也有毒素。这些毒素都是幼虫从所食用的植物中收集的，鸟类往往会因幼虫味道苦涩而对其敬而远之。

小档案

- 分布在中国、印度、日本等亚洲国家。
- 雄蛾比雌蛾体形小。

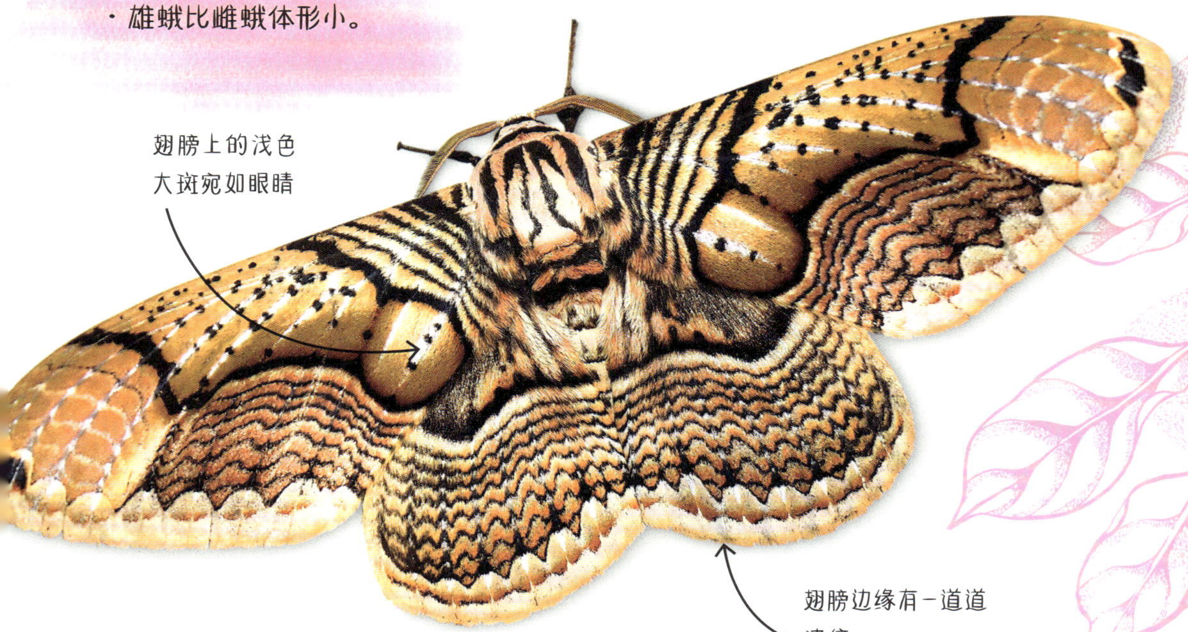

枯球箩纹蛾

Brahmaea wallichii

枯球箩纹蛾花纹粗犷，翅膀边缘的醒目波纹使得它在白天栖息于任何树干之上时，都能巧妙地与周遭环境融为一体。如果受到惊扰，它会快速前后摆动身体，原本清晰的形状就变得模糊难辨，从而有效地迷惑捕食者。

翅展可达50毫米

辐射夜蛾

Apsarasa radians

这种漂亮的飞蛾色彩非常鲜艳，但是当它休息时，会将翅膀收拢在背上，看起来与人们印象中的飞蛾截然不同，更像是一个带着刺的生物：有时像带刺的幼虫，有时像带刺植物的一部分。辐射夜蛾就是凭借此种伪装躲避天敌的捕食的。令人惊奇的是，辐射夜蛾的幼虫至今尚未被人类所发现！

彩鹿蛾

Euchromia lethe

彩鹿蛾因其修长的翅膀和醒目的黑黄相间斑纹而得名。捕食者可能会误以为它是一种蜂，但它其实更像是有毒的网翅甲虫。它通过模仿网翅甲虫来躲避鸟类和其他捕食者的威胁。

红身珠凤蝶

Pachliopta polydorus

之所以得名凤蝶，是因为这类蝴蝶的后翅上拖着一条长长的“尾巴”。不过，红身珠凤蝶却没有这样的“尾巴”，取而代之的，是一个小小的突起。它的前翅覆盖着仿佛蒙了一层灰尘的深色鳞片。当光线从不同角度照射时，这些鳞片似乎能在黑色与灰色之间变化。这种蝴蝶甚至被戏称为“油脂蝶”，因为它们看起来就像是被油脂浸泡过一样！

玉带凤蝶

Papilio polytes

雄蝶通常为黑色，翅膀上有一横排白色斑点。雌蝶却拥有三种不同的花纹：第一种是黑白相间，与雄蝶相似；第二种是带有奶油色条纹和红色斑点；第三种则是白色闪光斑纹与红色斑点相映衬。

小档案

· 分布在中国、印度等亚洲国家。

· 在农业区繁衍生息，因有栽培的充足的柑橘或酸橙树的叶片可供幼虫啃食。

红翅尖粉蝶

Appias nero

这是世界上唯一一种完全呈橙色的蝴蝶。雄蝶常常成群结队地聚集在溪流边喝水，并从溪边的湿泥中汲取营养物质，这种行为被称为“趋泥行为”。雌蝶更喜欢待在高高的树梢上。

蓝斑木蛱蝶

Hamadryas arethusa

这种漂亮的斑点蝴蝶的雄蝶会头朝下在树干上休息，并将树干视作自己的领地。如果有另一只雄蝶靠近，它就会振翅飞舞迎战。两只蝴蝶用前翅上的翅脉相互撞击，发出响亮的噼啪声，就像拍手一样。蓝斑木蛱蝶还会用这种声音来惊吓捕食者，无论是有可怕的大型生物靠近，还是有其他种类的蝴蝶飞过，它都会如此应对。

小档案

- 生活在中美洲和南美洲。
- 这种噼啪声也用于与潜在的配偶进行交流。

树林与森林

与终年温暖的热带雨林不同，南北半球的温带地区夏日炎热，冬日寒冷。因此，栖息在这里的蝴蝶与飞蛾深受季节变化的影响。春夏万物生长之时，幼虫拥有充足的食物来源供生长，然而，随着秋风渐起，不管是幼虫、蛹，还是成虫，都必须找到安全的地点越冬。这些蝴蝶与飞蛾在空中起舞的时光相对短暂，有些种类只能享受数周。

君主斑蝶

Danaus plexippus

在北美洲，君主斑蝶每年都会飞行约 3000 千米来到繁殖地。这些蝴蝶产卵后不久便会死去，但幼虫很快就能觅食化蛹并羽化成蝶。秋风渐起时，这些蝴蝶又会踏上南飞的旅途，前往墨西哥境内的一个小山谷过寒冬。在那里，成千上万只君主斑蝶密密麻麻地聚集在神圣冷杉的枝头，数量之多，甚至能压弯树枝。

它们收拢翅膀，聚在神圣冷杉高高的枝头

君主斑蝶翅膀宽大，飞行能力卓越

翅展可达35毫米

栎异舟蛾

Thaumetopoea processionea

小档案

- 分布在欧洲、北非和亚洲的部分地区。
- 幼虫体表披覆数千根中空的长刚毛，刚毛内含毒液。

栎异舟蛾的幼虫喜欢群居，一群通常有20~100只。白天，它们紧密聚集在栎树的树干上；晚上则会爬到树枝间觅食，而且爬行时，它们会在身后留下细长的丝线，以便次日清晨再沿着这些丝线返回白天的栖息树干。一旦准备化蛹，它们就会井然有序地爬下树，去低处聚集结茧。它们排成一列纵队，后方的幼虫沿着前方同伴留下的丝线依次前行。

栎异舟蛾停在树干上，斑驳的灰色体色是它们的最佳伪装

芳香木蠹蛾

Cossus cossus

这种大型飞蛾的红橙色幼虫体形同样硕大，它们能钻入老栎树、柳树和白杨树坚实的心材，钻出的虫道内满是虫粪、木屑和渗出的树液，在酵母菌和霉菌的作用下散发出一股浓烈的羊膻味。木材所能提供的营养物质相对匮乏，这些幼虫需经历长达3~5年的漫长岁月，才能羽化成蛾。

色彩与图案

蝴蝶与飞蛾大都有鲜艳的色彩和美丽的花纹。鲜艳的色彩看似会吸引鸟类等捕食者的注意，但实则也是一种警告。蝴蝶和飞蛾在求偶时也会利用色彩、花纹吸引伴侣。

红棒球灯蛾是日行性飞蛾，它们仰仗身上红黑交织的警戒色，完全不担心会被鸟类捕食。这种色彩提醒潜在的捕食者：我非佳肴，食之必悔

警告！

正如蜜蜂和胡蜂以鲜艳的色彩昭示它们尾部的螫针颇具威胁一样，蝴蝶与飞蛾的绚烂色彩同样警告着其他生物，它们满身毒素，难以入口。鸟类和其他生物很快就学会对这些具有鲜艳花纹的蝴蝶和飞蛾敬而远之。

与黑色、红色一样，白色也具有强烈的警示作用。菜粉蝶的幼虫以味道浓郁的卷心菜为食，并从中汲取有助于抵御天敌的化学物质

雌性石冢鸟翼凤蝶

雄性石冢鸟翼凤蝶

寻觅伴侣

蝴蝶与飞蛾都拥有一双大眼睛，许多种类都能用眼睛看出彼此的色彩与花纹，但人类有时难以区分。每一种蝴蝶与飞蛾都拥有独一无二的色彩和花纹组合，这些花纹不仅是它们种族的标志，也是求偶时最动人的情书。

昆虫的视野

与人类的眼睛不同，昆虫的复眼虽不能形成精细的影像，却能敏锐地识别运动、形状和图案特征。

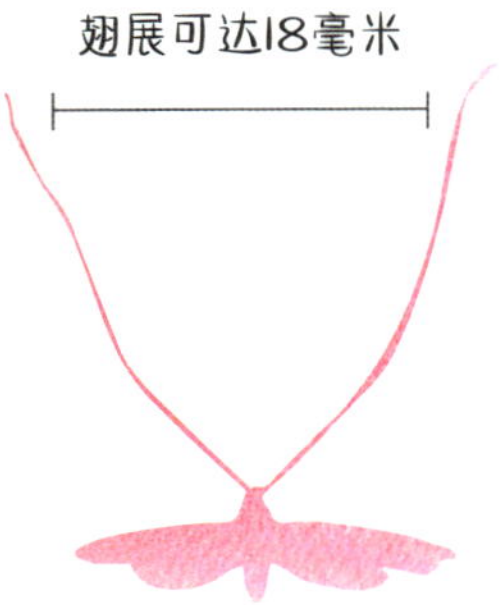

绿长角蛾

Adela reaumurella

绿长角蛾是一种绿色的，具有金属光泽的飞蛾，触角极长，尤其是雄蛾，其触角可达 45 毫米，是翅展的两倍多。雄蛾喜欢聚在一起形成一个求偶群，每群的规模在 20~50 只。雌蛾会飞到这些求偶群寻觅伴侣。绿长角蛾的幼虫生活在地面的落叶层中，以枯叶为食。

翅展可达68毫米

小档案

- 以栎树等树木的叶片为食。
- 幼虫覆盖刚毛，喜欢成群觅食。

圆掌舟蛾

Phalera bucephala

圆掌舟蛾卷起翅膀裹住自己的身体，就能化身成一小块不起眼的树皮。它的英文名字 buff-tip 指的是翅尖浅棕色与奶油色交织的斑点，宛如薄树皮下透出的细碎木纹。圆掌舟蛾扁平的浅色头部则完美模拟了断枝的断面。

蜘蛱蝶

Araschnia levana

蜘蛱蝶翅膀背面那一条条明亮的白色纹路，宛如地图中蜿蜒的道路。幼虫度过寒冬之后，会在春暖花开时羽化为橙黑相间的蝴蝶，它们的这种花纹称作“丝网纹”。这些春蝶产下卵，孵化出的新一代幼虫迅速觅食，又会羽化为夏蝶，它们的花纹与春蝶截然不同——通体黑色，仅翅膀上有一道醒目的白色横纹，这种花纹被称为“直纹”。

小档案

- 幼虫以荨麻为食。
- 分布在欧洲和亚洲。
- 蜘蛱蝶展现出两种不同的颜色与花纹形态，这一现象称作二态性。

苹蚁舟蛾

Stauropus fagi

苹蚁舟蛾的英文名字（lobster moth）源自其幼虫的奇特形态：尾巴又大又肿，前足以一种奇特的角度弯曲，仿若龙虾（lobster）的一对钳子。古时候的作家曾将它描述为半蜘蛛、半蝎子的神秘生物！虽然它外表颇为奇异，实则全然无害。它的外形与常见的管状幼虫完全不同，或许这正是它躲避鸟类等天敌捕食的法宝，毕竟，这些捕食者往往只对那些看似可口的食物感兴趣。

红襟粉蝶

Anthocharis cardamines

红襟粉蝶这个名字极其贴切，但只有雄蝶才拥有鲜艳的橙色翅尖。它们以此宣示领地，展示求偶的魅力。相比之下，雌蝶的翅尖则点缀着斑驳的黑色花纹。当它们在树林边缘斑驳的光影中停歇在花朵上时，这种色彩就变成了绝佳的伪装。红襟粉蝶的蛹呈现出一种引人注目的尖刺状结构，宛若植物的嫩芽。

小档案

- 分布在欧洲和亚洲北部。
- 春蝶喜欢在树林边缘、树篱和林间空地飞舞。

鞍背刺蛾身披棕色外衣，
栖息在树干上时非常隐蔽

幼虫鲜艳的色彩警告捕
食者不要尝试捕食它

鞍背刺蛾

Acharia stimulea

鞍背刺蛾的名字，源自其色彩鲜艳的幼虫：紫褐色的身躯上，有一块巨大且明亮的绿色鞍形斑纹。幼虫的两端长有肉角，身上有很多锋利的尖刺和毒毛，人类皮肤一旦触及，便会疼痛与肿胀。

翅展可达100毫米

黄缘蛱蝶

Nymphalis antiopa

小档案

· 黄缘蛱蝶的寿命可达 11~12 个月之久，是已知寿命最长的蝴蝶之一。

· 飞行能力极强，能够飞离繁殖区，飞行距离可达数百千米。

这种美丽的蝴蝶因其黄色翅缘而得名，仿佛深色调斗篷下不经意间露出的一抹浅色内衬。作为英国诸岛上稀有的迁徙者，1748 年，人们在坎伯韦尔的一个小村庄（现在属于伦敦东南部的一部分）首次发现了它们的身影。当地人也称它们为坎伯韦尔美人蝶。

翅膀边缘的浅色区域从亮白色逐渐过渡到奶油色

蓝色斑点形态各异，或圆润如珠，或微小如尘，甚至可能完全消失

黑带二尾舟蛾的前足与身体覆盖绒毛，宛如树皮上自然生长的毛茸茸的东西

黑带二尾舟蛾

Cerura vinula

黑带二尾舟蛾栖息在树干上时，翅膀卷曲，毛茸茸的躯体与猫咪有几分相似。黑白相间的人字形斑纹与斑驳的树皮巧妙地融为一体。肥硕的幼虫一旦受到惊扰，就会蜷缩起身体，露出威胁意味浓重的红色头部，并伸出两根细长且带刺的尾巴。这两根尾巴实则并不会对捕食者造成实质性伤害，作为最后的防御手段，幼虫会从颈部腺体中喷射出让捕食者刺痛的甲酸。

背部的暗色鞍形斑点，巧妙地打破了幼虫的轮廓，使捕食者难以发现它们的踪迹

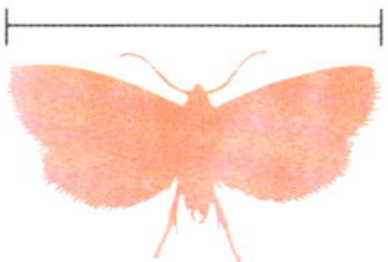

栎绿卷蛾

Tortrix viridana

栎绿卷蛾十分常见，但由于体形小且其幼虫多在栎树高处觅食，所以很容易被人忽视。当栎绿卷蛾的种群暴发时，数百万只幼虫能将整片林地的叶子啃食殆尽，给栎树带来严重的损害。这么多幼虫的排泄物纷纷落下，砸在林地的枯叶上，听起来宛若轻柔的雨声。

翅展可达25毫米

稠李巢蛾

Yponomeuta evonymella

稠李巢蛾身上长满斑点，宛若昔日国王与王后奢华斗篷边缘所镶的貂皮。幼虫群聚于寄生植物上，并在其上编织出一张张丝网。有时，整棵树乃至整片树林，都会被这层白色的丝网所覆盖，而树上的叶片，也会被啃食得一干二净。

小档案

- 幼虫以美国酸樱桃为食，这种树木因花朵艳丽有观赏价值而栽种，果实则稍显逊色。
- 成虫会侵害栽培的樱桃与苹果树，是主要的农田害虫。

稠李巢蛾在休息时会用翅膀裹住身体

翅展可达90毫米

紫闪蛱蝶

Apatura iris

这种优雅的紫色蝴蝶在高大的栎树树冠上翩翩起舞。它们的口器短而粗壮，不适合吸食花蜜。它们却常被观蝶者以各种气味浓郁的诱饵吸引到树下。无论是烂虾、香蕉皮，还是发霉的奶酪、动物排泄物，都能成为有效的诱饵。

小档案

- 分布在欧洲与亚洲北部地区。
- 幼虫以柳树叶片为食。
- 雌蝶黑白相间。

北李褐枯叶蛾

Gastropacha quercifolia cerridifolia

北李褐枯叶蛾在休息时，前后翅以不同角度展开，宛如一片卷曲的枯叶，甚至就连翅膀上的斑纹都与叶脉相似，翅边皱起，显得愈发逼真。

翅展可达8毫米

杨梅折角蛾

Ogmograptis scribula

这种银色小蛾将卵产在树皮上。幼虫在进食时，会在树皮下啃出狭窄的隧道。多年后，当树皮剥落，这些蜿蜒的隧道便显露无遗，宛如木头上的涂鸦。

黑线是幼虫啃食树皮的轨迹

银色的蛾身上点缀着细小的褐色斑点

夹竹桃天蛾

Daphnis nerii

夹竹桃天蛾身上有紫粉色、绿色与灰褐色交织的旋涡图案。停在栅栏或墙壁上时，色彩鲜艳、醒目夺人；而落在叶片上，且翅膀向后倾斜时，其色彩又是完美的伪装，使人难以察觉它的存在。

象形文夜蛾

Baorisa hieroglyphica

象形文夜蛾休息时会合拢翅膀，翅尖的黑色短纹，宛如双足；而带有红色的椭圆形斑块，则如同眼睛。这会使捕食者难以判断其头部所在。

小档案

- 主要分布在印度。
- 其英文名字 Picasso moth 来源于西班牙艺术家毕加索（Pablo Picasso），因为他在画作中同样运用了突出的线条与鲜艳的色彩。

翅展可达7毫米

微蛾

Stigmella aurella

这种小蛾极易被人忽视。它的幼虫非常小，能钻入叶片中间，吃掉绿色部分，留下一条白色的通道。这种觅食方式，被称为“潜叶”。

翅展可达100毫米

黄缘螯蛱蝶

Charaxes jasius

黄缘螯蛱蝶飞行有力且迅速。雄蝶与雌蝶常聚集在突出的岩石山顶，相互绕飞，以寻找心仪的配偶。黄缘螯蛱蝶会被腐烂的果实吸引。它们每年繁殖两代，夏末的成虫体形往往比早春的更大。

小档案

- 分布在欧洲南部的地中海地区与非洲大陆。
- 幼虫以草莓树的叶片为食。

吸泪稀夜蛾

Hemiceratoides hieroglyphica

吸泪稀夜蛾以其独特的习性而著称。它常在夜间造访熟睡的鸟，吸食鸟眼中的泪珠。除了水分外，吸泪稀夜蛾还能从中获取盐分与蛋白质等营养物质。而在世界其他地方，也有类似的蛾类会吸食鳄鱼或鹿的泪珠。

翅展可达127毫米

赭带鬼脸天蛾

Acherontia atropos

静止时，赭带鬼脸天蛾双翅合拢，身体和翅膀上的斑驳花纹使它们能够巧妙地躲避捕食者的攻击。虽然骷髅头状的花纹主要作伪装之用，但仍有人把它们说成厄运或死亡的凶兆。赭带鬼脸天蛾有一条短小而坚韧的中空口器，可伸入蜂巢中吸食蜂蜜，还能通过向口器内吹气发出哨声，更为它们增添了几分神秘的色彩。

田间与草地

开阔的栖息地，如田野、草地和稀树草原，鲜花遍地，空间宽敞，阳光明媚，远胜于阴凉的树林和森林，对蝴蝶和蛾有极大的吸引力。不过，对蝴蝶和飞蛾来说，藏身之处却相对较少，除非它们选择在草丛中栖息。草地和稀树草原的栖息地还包括某些类型的农田，以及野生动物吃草的地方。

翅展可达38毫米

白羽蛾

Pterophorus pentadactyla

顾名思义，这种小巧玲珑的美丽飞蛾全身纯白，白天时总喜欢将狭窄的、如羽毛一样的翅膀展开在身体两侧。它看起来不像飞蛾，倒更像是一截折断的枯草或是一片轻盈的羽毛，这是种极为巧妙的伪装。白羽蛾在夜间飞行，停在花朵上吸食甘甜的花蜜。

翅展可达56毫米

小红蛱蝶

Vanessa cardui

小红蛱蝶可能是全球分布最广的蝴蝶，每年都会随季节性暖风从北美洲、北非等的越冬地长途飞往欧洲、亚洲、中美洲以及澳大利亚部分地区。彼时，这些地区的人们会看到突然涌现的蝴蝶在花丛中翩翩起舞。

小档案

· 一年一度的迁徙有时十分壮观，甚至会成为国家新闻的头条报道。

· 幼虫以蓟叶为食。

翅展可达90毫米

金凤蝶

Papilio machaon

金凤蝶翅为金黄色，后翅尖端有一对独特的细长尾突。金凤蝶有 40 多个种类，种类之间蓝黑色斑纹的形状和深浅也略有不同。金凤蝶遍布北半球，横跨北美洲、欧洲、北非和北亚。

小档案

· 幼虫通过鲜艳的色彩警告鸟类和其他捕食者，它并不美味，还会放出含有恶臭的化学物质。

金凤蝶翅膀宽大，飞行能力极强，能迁徙数百千米

上翅的黑色斑点形成了独特图案

霾灰蝶

Maculinea arion

霾灰蝶的幼虫孵化出来后，便开始在百里香的叶片上觅食。它们会释放出一种化学气味，吸引红蚁前来。红蚁会将幼虫带回地下巢穴，开启互惠生活：幼虫开始享用蚁蛹，并从背部的腺体中分泌出一种特殊液体，供红蚁饮用。

红蚁对巢穴中的幼虫视而不见

聪明的伪装

与所有小动物一样，蝴蝶和飞蛾总是面临着被更强大的捕食者捕食的危险。为了有效躲避天敌，它们巧妙地利用图案与色彩融入草丛、叶片、树皮乃至覆盖地衣的岩石之中。

幼虫通常在夜间觅食，白天天敌活动时，它们则在适宜的背景掩护下静止不动

幼虫如何藏身

许多幼虫绿色或棕色身体上有浅色的条纹。当它们趴在植物茎干或叶片的中脉上时，这些条纹让它们与周围环境融为一体。还有些幼虫看起来就像鸟粪或枯叶，对其他动物而言毫无诱惑力。

尺蛾的幼虫（尺蠖）仅靠腹足与臀足支撑自己，看起来如同树枝

融入环境

不规则的斑点和斑纹，看起来就像昆虫栖息的粗糙表面，能让飞蛾或蝴蝶更好地融入背景之中。这些图案还打破了昆虫的轮廓，使捕食者难以分辨，如波浪形状的图案和破碎的色块会干扰鸟类的视线。

白天休息时，如果遇上捕食者，保持伪装以融入斑驳的背景，是至关重要的生存策略

众所周知，欧仁眼蝶会停在裸露的沙地或岩石上，而这些地方正与其花纹相匹配

北美眼蛱蝶

Junonia coenia

北美眼蛱蝶落到地面沐浴阳光时，巨大的眼斑极其显眼，能欺骗幼鸟等缺乏经验的捕食者，因为鸟类在看到这些假眼时，会误以为蝴蝶是体形更大的动物，因而不敢轻易靠近。

小档案

- 分布在北美洲。
- 幼虫为黑色且多刺，以多种植物为食。

欧仁眼蝶

Hipparchia semele

欧仁眼蝶生活在干燥、多沙、岩石密布且植被稀少的环境。当欧仁眼蝶落到地面时，它会竖起翅膀，因为翅膀背面的伪装让它能更好地隐藏自己。为了更好地伪装，欧仁眼蝶还会将竖起的翅膀朝向太阳，这样投下的影子最小，使捕食者更难发现它的踪迹。

吸血壶夜蛾

Calyptra eustrigata

吸血壶夜蛾名副其实，有一根短小、锋利且坚硬的口器。同种的其他飞蛾会用口器刺穿果实，吸取汁液。但吸血壶夜蛾能刺穿水牛、貘和鹿的外皮，吸食它们的血液。起初，这种奇怪行为令许多人难以置信，直到有人进行了测试，让笼中的吸血壶夜蛾叮咬人的手指，才证实了这一点。

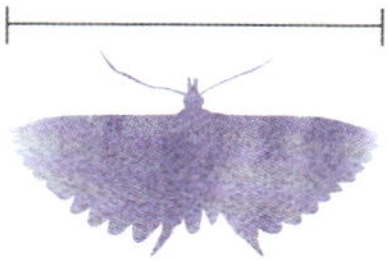

二十翼蛾

Alucita hexadactyla

蝴蝶和飞蛾的翅膀通常纵横分布的管状翅脉，在飞行时为翅膜提供支撑。但二十翼蛾的翅脉却是一根一根分离的，每根都是细长的羽状物，翅脉边缘还有绒毛，使得每只翅膀看起来像是长了多根羽毛。

翅展可达16毫米

柳鞘蛾

Coleophora albidella

这种体形小巧、修长的银色飞蛾极为隐秘，容易被人忽视。柳鞘蛾的幼虫食量很大，以黄柳叶为食。它们用枯叶碎片和自己的粪便做成袜状的茧，并用黑色丝线牢牢固定。幼虫只将前足和口器露在外面，因此它们在叶片上爬行觅食时，看起来就像一截枯死的植物或一摊鸟粪。

桃色花粉蝶

Zerene eurydice

桃色花粉蝶是种色彩鲜艳的蝴蝶，其前翅上有黄黑斑纹，这些斑纹看起来酷似狗脸，有尖鼻、张开的嘴和眼睛。只有雄蝶才有这种花纹，而雌蝶除了在狗眼的位置有黑点外，全身均为黄色。

小档案

- 主要分布在美国加利福尼亚州。
- 十分强壮且飞行迅速。
- 幼虫以紫穗槐为食。

翅展可达55毫米

后翅边缘光滑且颜色浅淡

布冈地夜蛾

Agrotis infusa

在炎炎夏日，澳大利亚的布冈地夜蛾都会迁徙至清凉的山区，如博贡山等地，聚集在洞穴和岩洞之中，以躲避酷热干燥的天气。澳大利亚土著曾将这些飞蛾作为食物来源之一，他们将其捕捉后烘烤磨成粉，制作成味道类似坚果、富含蛋白质的“蛾肉”饼。

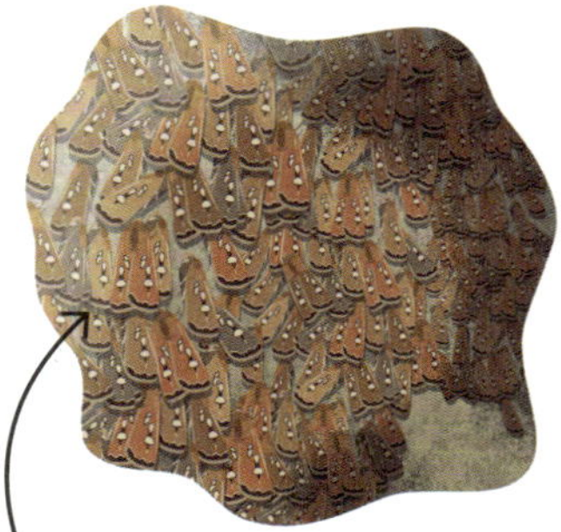

布冈地夜蛾聚集在凉爽潮湿的山洞里，防止自身因干燥而死亡

翅展可达38毫米

九斑鹿蛾

Amata phegea

九斑鹿蛾整体呈墨蓝黑色，身体上有两道黄色花纹。九斑鹿蛾在白天活动，其鲜艳的色彩仿佛在向捕食者发出警告：不要吃我，我很难吃！

小档案

· 分布在欧洲与中亚地区。

· 白点烷蛾与九斑鹿蛾并无亲缘关系，但外观却极为相似。

翅展可达45毫米

红棒球灯蛾

Tyria jacobaeae

这种鲜艳的红黑色飞蛾在白天十分活跃。它们的幼虫色彩同样鲜艳，以千里光为食。有时，幼虫数量众多，能将植物的叶子吃得一干二净，因食物匮乏导致无法完成发育，进而使得该区域的幼虫数量锐减。

小档案

- 主要分布在欧洲与亚洲。
- 为控制入侵的恶性杂草千里光，北美洲、澳大利亚与新西兰特意引入了红棒球灯蛾。
- 幼虫能够储存从所食植物中获取的毒素。

红棒球灯蛾因其鲜红色而得名，这种红色与朱砂颇为相似

翅展可达85毫米

伊娥天蚕蛾

Automeris io

当这种大型飞蛾栖息在树干上时，其斑驳的棕色与枯叶或干枯树皮融为一体。但是，一旦受到捕食者的惊扰，它就会迅速展开前翅，露出两个明亮的眼斑，让天敌误以为面对的是只更大的动物，从而将其吓跑。

触角呈羽状

眼斑或许只能让捕食者短暂犹豫，但足以让伊娥天蚕蛾趁机逃脱

翅展可达32毫米

鲜艳的色彩往往是在警告捕食者不要捕食自己

二色苔蛾

Lycomorpha pholus

二色苔蛾在静止时，除了颜色，其大小和形状与红萤科昆虫极为相似。红萤科昆虫颜色众多，多数种类为红色，也有黑黄相间的，它们与二色苔蛾常出现在同一区域。红萤科昆虫体内含有高浓度毒素，捕食者对它们都敬而远之。正因如此，捕食者在面对红萤科昆虫与二色苔蛾时都会保持距离，以避免误食，尽管二色苔蛾本身并无毒性。

红萤科昆虫的鞘翅末端是黑色的，与二色苔蛾颇为相似

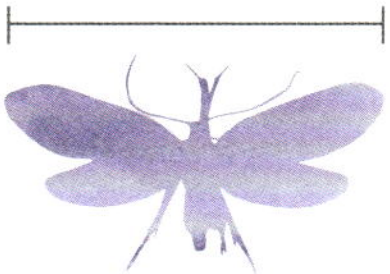

直带长角蛾

Alabonia geoffrella

直带长角蛾体形小巧，通过镜头看起来也是斑斓多彩的。除黑色、橙色和白色的花纹外，直带长角蛾的翅膀上还点缀着淡淡的泛金属光泽的蓝色条纹。它在白天活动，喜欢在乔木与灌木丛而非花丛中翩翩起舞。

小档案

· 主要分布在欧洲。

· 幼虫在老荆棘丛的茎干内或枯树的树皮下觅食。

翅展可达50毫米

角衫夜蛾

Phlogophora meticulosa

角衫夜蛾休息时，翅膀会合拢、折叠并形成褶皱，形成一个锐利的夹角。翅膀上鲜明的三角形标记打破了它的整体轮廓，加上它棕、金、粉、绿的保护色，使它落在枯草、茎干或卷曲的叶子上时仿佛隐身了一般。

大赭弄蝶

Ochlodes sylvanus

大赭弄蝶在休息时并不会像大多数蝴蝶那样合拢翅膀。它们会竖起前翅，而保持后翅平展。这种姿态有时会让人误以为它们是飞蛾。雄蝶的前翅上有长长的深色鳞片，可将腺体分泌的特殊香味扩散到空气中，吸引雌蝶。

小档案

- 蝴蝶翅膀上带香味的鳞片叫作香鳞。
- 弄蝶通常体形较小，但大赭弄蝶名字里之所以带个“大”字，是因为它是北欧弄蝶中体形最大的一种。

翅展可达80毫米

蔷薇天蚕蛾

Saturnia pavonia

幼虫身上布满刺状的黄色或橙色疣突

蔷薇天蚕蛾栖息在长有石楠的荒野里，幼虫以石楠为食。当幼虫吐丝结茧时，还会在茧的顶部留下一圈向外的刚毛。羽化后的成蛾能够推开这些刚毛，但捕食者却很难钻进这些紧密的“刺颈”进入茧内。

雄蛾翅展可达60毫米

翅展可达95毫米

阿波罗绢蝶

Parnassius apollo

阿波罗绢蝶生活在高山草甸上。高山之间有宽阔的低地相隔，而阿波罗绢蝶却不会跨越低地迁徙，因此每座山都孕育了特有的亚种，色彩花纹也略有差异。

翅展可达30毫米

小档案

· 主要分布在欧洲南部与中部。

· 人耳能够捕捉到莱夜蛾发出的声音。

莱夜蛾

Rileyiana fovea

莱夜蛾看似普通，实则是最早被发现的能发出声音进行交流的飞蛾之一。雄蛾后翅翅脉上，有一个中空隆起结构和小突起（称为“发育器”）。当它用后足摩擦这些小突起时，会发出沙沙声，而中空的隆起结构则会将这种声音放大，于是就形成了嗡嗡的“歌声”，这是雄蛾的求偶信号。

夏威夷球果尺蛾展开翅膀休息

翅展可达30毫米

夏威夷球果尺蛾

Eupithecia orichloris

这种小型尺蛾的幼虫极具特色。它们并不以树叶为食，而是能够精准地捕捉活的飞虫，并将其吞食。幼虫“捕猎”时，用后足紧紧抓住叶子，使细长的身体保持直立状态。一旦有飞虫落在附近，幼虫便会突然弯曲身体，用前足迅速捕捉猎物。

幼虫会用前足紧紧夹住挣扎的猎物，如苍蝇等

翅展可达32毫米

橙红斑蚬蝶

Hamearis Lucina

此类蝴蝶的显著特征是翅膀上大都有明亮且具金属光泽的斑纹。雄蝶的前足非常短，仅用于清洁触角。雄蝶栖息时，看上去似乎只有四条用于行走的足。

公园与花园

无须远行至荒山野岭或热带雨林，就能观赏到奇妙的蝴蝶与飞蛾。许多蝴蝶与飞蛾在城镇的公园与花园中也能安然生活。人人都能欣赏和观察这些蝴蝶与飞蛾的精彩生活。

翅展可达63毫米

欧洲粉蝶

Pieris brassicae

卷心菜含有气味浓郁的化学物质，欧洲粉蝶的幼虫会在进食后将这些化学物质存储在体内让自己变得味道很糟糕，以躲避鸟类和其他捕食者。即便幼虫羽化成蝶，蝴蝶明亮的白色也在告诉捕食者，它们味道不好。

小豆长喙天蛾

Macroglossum stellatarum

小豆长喙天蛾的翅膀扇动速度极快，在人眼中就是一片模糊的影像。与蜂鸟相似，它也能在空中悬停，用长而弯曲的虹吸式口器探入花中吸取花蜜，而无须落在花瓣上。小豆长喙天蛾飞行能力极强，每年都会向北迁徙，飞往新的地区栖息。

翅展可达9毫米

马蹄矿叶蛾

Cameraria ohridella

七叶树可能会因叶片被幼虫啃食而严重受损，但仍能存活

这种美丽飞蛾的幼虫体形极小，喜欢在七叶树叶片的上下层之间进食，在觅食过程中会留下很多充满空气的淡色斑点或“虫道”。事实上，当叶片上的虫道过于密集时，整棵树看起来呈棕色，而不是绿色。

这种小飞蛾呈深棕色，并带有明亮的白色条纹

雄蛾翅展可达30毫米

雌蛾与它的一批卵

古毒蛾

Orgyia antiqua

雄蛾则像普通的飞蛾一样拥有翅膀，夜间和白天都会活动

古毒蛾的雌蛾没有翅膀！它从茧中钻出来之后，就会有雄蛾飞来交配，然后雌蛾在茧壳周围产下约 300 枚很像甜甜圈的卵。这些卵随后会孵化成有着鲜艳长刚毛的幼虫，它们会吃各种植物。

翅展可达60毫米

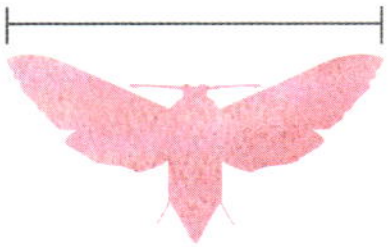

红天蛾

Pergesa elpenor

红天蛾的幼虫拥有一种伪装技巧，会让自己看起来更加危险。首先，幼虫会将前节缩成象鼻状，然后胀大后面的节，放大上面的黑色眼斑，整体看起来就像是蛇的头部，它可以模仿蛇以保护自己免受捕食者的攻击。

胀大的眼斑使小小的幼虫看起来更大，更具威胁性

成虫的身体为粉色与黄绿色相间

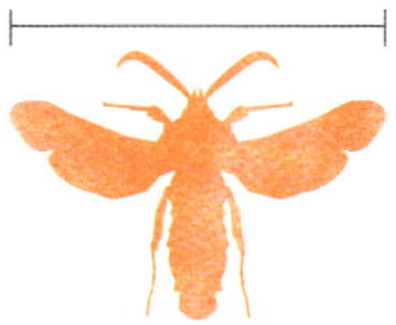

杨大透翅蛾

Aegeria apiformis

杨大透翅蛾属于透翅蛾类。它的翅膀透明，仅边缘有一圈彩色的鳞片。杨大透翅蛾的身体上有黑黄相间的花纹，看起来像胡蜂。这种拟态有助于吓退潜在的捕食者。为了增加欺骗性，杨大透翅蛾甚至还会像胡蜂般急促地移动。

小档案

· 主要生活在欧洲和亚洲部分地区，被意外引入北美洲。

· 幼虫会像蛆虫那样，在老杨树的厚树皮中钻来钻去。

· 幼虫需要 2~4 年才能长大，进而羽化成蛾。

翅展可达75毫米

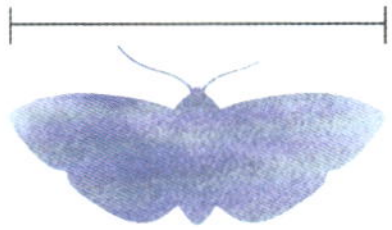

后翅通常为橙色，带有深蓝色斑点，有些飞蛾的后翅可能呈黄色

豹灯蛾

Arctia caja

豹灯蛾翅膀上鲜明的颜色是想警告捕食者，它也不好惹。它的头部后方有两个腺体，能分泌出含有难闻的化学物质的透明黄色液滴。如果受到惊扰，豹灯蛾会突然展开其鲜艳明亮的后翅，以示警告。

小档案

- 中国、印度、日本、美国等国家均有分布。
- 斑点和花纹的排布各不相同，因此没有两只灯蛾是完全相同的。

翅展可达22毫米

这种飞蛾的花纹看起来就像是精美瓷盘底部的工厂标记，它们的英文名字China-mark就源于其花纹

塘水螟

Nymphula nitidulata

这种美丽飞蛾的幼虫体形小巧、颜色浅，以生长在湖泊和河流边缘的黑三棱为食。首先，幼虫会在芦苇茎秆内钻洞。然后，它会用叶子做一个微型鞘囊，栖居在植物表面。有时，幼虫甚至完全在水下进食。

幼虫的鞘囊由咬碎的叶子和丝缠绕而成，里面有一个气泡，这样幼虫就能在水下呼吸了

翅展可达20毫米

苹果蠹蛾

Cydia pomonella

被幼虫啃食的苹果无法销售，而且苹果树会感染大量幼虫并被毁坏

体形小巧的苹果蠹蛾会在苹果树和梨树的果实上产卵。幼虫会蛀入发育中的果实，主要取食果核。当果实从树上掉落时，幼虫会啃穿果皮爬出，在附近的土壤中结茧化蛹。

苹果蠹蛾停在苹果树的树干上，伪装得十分完美

典型的桦尺蛾是带斑点的浅色系，但偶尔也会出现全黑的个体，称为黑色型

桦尺蛾

Biston betularia

19 世纪，在英国许多工业区，树干上都覆盖着黑色煤灰，浅色斑纹的桦尺蛾在上面很容易被鸟类发现，成为它们的猎物，而黑色的桦尺蛾则能够很好地隐藏起来。于是，在这些工业区，只有黑色桦尺蛾存活了下来。到了 20 世纪 50 年代，世界上第一部“清洁空气法”通过，烟尘减少。渐渐地，树木再次被地衣覆盖，原本的浅色桦尺蛾又能在这儿更好地生存了。

小档案

· 1870—1950 年，浅色和黑色的桦尺蛾都生活在工业化的城镇地区，尤其是欧洲和北美洲。

· 树枝状的幼虫以多种乔木和灌木的叶片为食。

翅展可达23毫米

马丁字灰蝶

Cacyreus marshalli

这种漂亮的小蝴蝶原本只生活在南非。1978 年，它随一些南非植物被意外引入南欧。1997 年，英国也发现了马丁字灰蝶，但是它们没能存活下来。如今，马丁字灰蝶已遍布西班牙、意大利、法国和摩洛哥，并进一步扩散到地中海周边和中欧。

翅膀边缘呈棋盘格状

马丁字灰蝶合翅休息时，翅膀上断断续续的浅棕色条纹有助于伪装

钩粉蝶

Gonepteryx rhamni

钩粉蝶在休息时会将翅膀合拢，看起来就像一片苍白的枯叶。它会与其他真正的树叶一起挂在树枝上冬眠数月。钩粉蝶能被冬日暖阳唤醒，即使地面上有雪。然后，它又会继续休眠数周或数月。

小档案

· 其英文名brimstone源自硫黄，这是一个古老的词，指的是硫元素，硫黄也是黄色的。

· 主要分布在欧洲和亚洲。

翅展可达59毫米

白钩蛱蝶

Polygonia c-album

一年中不同时间发育的白钩蛱蝶会呈现出两种略微不同的颜色。春季最先觅食的幼虫会变成夏蝶，它们的翅腹面呈浓厚的金黄色。夏蝶产的卵在秋天羽化的成蝶颜色要深得多，几乎呈黑色。两型成虫都会选择树洞、岩缝或常春藤丛作为越冬场所。

歌梦尼夜蛾

Orthosia gothica

歌梦尼夜蛾因其前翅上独特的黑色斑纹而得名，这些斑纹看起来既像希伯来字母中的 ג，又像古桥上的哥特式拱门。这些黑色斑纹是翅膀上一系列波浪状图案的一部分。歌梦尼夜蛾休息时，这些图案能帮助它们融入周围环境。

翅展可达32毫米

翅缘带黑斑的奶油色花纹看起来就像树叶的齿边

红颜锈腰尺蛾

Hemithea aestivaria

许多飞蛾具有棕色、灰色、奶油色和橙色花纹，这些花纹能帮助它们白天藏身在树干或枯叶上。然而，红颜锈腰尺蛾却与众不同，它们的花纹是绿色的，使它们停在叶片上时能够消失无踪。绿色的蝴蝶与飞蛾非常罕见。

翅展可达70毫米

孔雀蛱蝶

Aglais io

孔雀蛱蝶得名于其眼斑与雄性孔雀尾羽上的眼斑相似。这种独特的蝴蝶色彩浓艳。当它展开翅膀晒太阳时，眼斑非常醒目。然而，合拢翅膀后，斑驳且有条纹的翅膀背面让它看起来就像一片枯叶或一块破树皮。

小档案

- 雄蝶和雌蝶外观相同，但在阳光下休息，人们还是可以将它们区分开来。
- 如果往蝴蝶上方约1米处扔一块小石子，具有领地意识的雄蝶会飞过去查看，而雌蝶则会置之不理。

翅展可达40毫米

丫纹夜蛾

Autographa gamma

在长草中飞舞时，丫纹夜蛾看起来脆弱且笨拙，但每年它们都会向北飞行数百千米去创建新的群落。它们会被灯光吸引，经常停在有灯光的窗台上，或者从打开的窗户飞进屋内，落在墙壁和天花板上。

黄毒蛾

Euproctis chrysorrhoea

当纯白色的黄毒蛾将翅膀收拢在身体上休息时，会将棕黄色的尾尖翘在翅膀之间。长满刚毛的幼虫躲在一张丝网里，如同搭在树枝上的手帕。幼虫的空心刚毛很脆，内含毒液，一旦断裂可能会导致接触它们的一些人皮肤起疹或眼睛发红。幼虫以树木和灌木的叶子为食，可以啃光整片灌木丛的叶子。

黄毒蛾因其棕黄色的尾尖而得名

小档案

· 黄毒蛾曾在英国南部大规模暴发，幼虫摧毁了多个苹果园。为了控制幼虫的数量，人们摧毁了大量黄毒蛾的巢穴。

· 如今，黄毒蛾在欧洲和北美洲暴发仍会引发健康问题，政府不得不定期发布警告。

这种小棕蛾虽然体形不大，但破坏力极强。它喜暗不喜明，如果打开衣柜门，它就会钻进衣服里

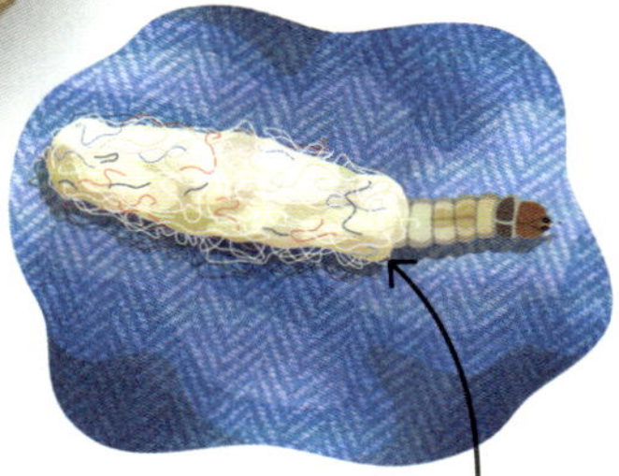

如果不经常检查橱柜，衣蛾就会成为一个问题，经过几代繁殖后，它们就会在织物上咬出大洞

衣蛾

Tineola pisselliella

衣蛾幼虫会编织丝质的鞘来藏身，如果这些管状鞘大量堆在一起，就会形成一张杂乱的垫子。如果不生活在房屋里，衣蛾就会住在动物和鸟类的窝里，以毛和羽毛为食。衣蛾幼虫以羊毛、丝绸和毛皮等动物纤维为食，但是不吃棉、麻，或者尼龙、人造丝等合成材料。

翅展可达50毫米

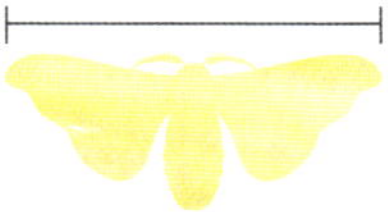

家蚕蛾

Bombyx mori

其幼虫家蚕的绢丝腺会产生绢丝液，家蚕会将其从吐丝口吐出，这种液态丝蛋白与空气接触后会变成坚韧而有弹性的纤维。由这些丝状纤维结成的茧经过一些工序可以被解开并收集起来，编织成轻便、柔软但坚韧的衣物面料。

小档案

· 家蚕已不再生活在野外，而是被饲养在养蚕场中。

· 蚕丝的加工比较麻烦，因此丝织品价格都较昂贵。

飞行

在这个不断变化的世界中，蝴蝶与飞蛾总是在寻找新的食用植被，在上面产卵或安家，远离捕食者和寄生虫。幼虫无法爬得太远，只有羽化成长有翅膀的成虫才能飞得更远更广，遍布田间地头。

小红蛱蝶是世界上分布最广泛的蝴蝶之一，每年迁徙数百甚至数千千米

迁徙

从蛹中羽化后，许多蝴蝶与飞蛾能够飞行数百千米。这些迁徙每年都会发生，成虫到达目的地后产卵，下一代经历幼虫和蛹的阶段后变成成虫，继续它们的迁徙之旅。

春天，君主斑蝶从中美洲向北飞行，遍布北美大陆

随着冬季的临近，它们又会大规模向南迁徙，回到越冬地

蝴蝶的翅膀在向上和向下扇动时都会弯曲以捕捉和推动空气

飞行方式

飞行是一项必要的活动，但也充满危险。一些蝴蝶，如花粉蝶和孔雀蛱蝶，飞得又快又直，而大白粉蝶则喜欢不规则地"之"字形飞行路线。这两种方法都能很好地避免捕食者在半空中捕捉到它们。飞蛾通常在夜间飞行，这可以避免被鸟类捕食，但它们就不得不面对蝙蝠的威胁。

小档案

· 大多蝴蝶每秒扇动翅膀 5~15 次，但小豆长喙天蛾每秒扇动 70~80 次，人类只能看到一片模糊的影像。

保护

蝴蝶与飞蛾不仅仅是令人赏心悦目的昆虫，还是生态系统的重要组成部分，能反映环境的健康状况。通过多年在一个地点对这些昆虫进行识别和计数，可以追踪由环境污染、森林砍伐、城市发展、栖息地破坏和气候变化引起的问题。

飞蛾诱捕器

飞蛾会被强光吸引。飞蛾诱捕器可以实现对飞蛾定期的计数和比较。

蝴蝶计数

在一个地点定期对蝴蝶进行计数和监测，这被称为蝴蝶样带法。可将计数结果与往年进行比较，以观察种群变化或天气影响。

阿波罗绢蝶只能在凉爽的山坡上生存。如果气候变化导致这些栖息地变暖，它们将无处可去

濒危物种

蝴蝶数量减少的原因可能是幼虫食用植物生长地或蝴蝶迁徙地遭到破坏。解决方案包括将茂密的林地砍伐得稀疏一些，让更多的光照进来；或鼓励动物放牧，以控制遮蔽食用植物的灌木和灌木丛；还可以控制建筑开发以防对乡村造成进一步破坏。

灭绝，但未被遗忘

蝴蝶与飞蛾是世界上被研究得最多的昆虫之一。即使已经灭绝的种类，数百年前收集的物种标本仍然可以与来自其他国家或大洲的现代标本进行比较和研究。昆虫学家这样做，可以检查遗传基因构成、色彩形态和花纹的变化。

泽西斯蓝小灰蝶曾经生活在美国加利福尼亚州旧金山日落区的沙丘中。后来，该区域建起了居民住宅和办公楼。1943 年，人们看到最后一只泽西斯蓝小灰蝶在空中飞翔，现在它已经灭绝了

词语表

保幼激素 昆虫幼虫体内产生的化学物质，可阻止翅膀与触角等成虫性状的生长，促进幼虫发育，直到幼虫完全长大并准备蜕变为蛹。

标本 保持实物原样或经过加工整理的动植物等的样品。

翅脉 昆虫翅膀中用作支撑结构的管状结构。

翅展 昆虫展开翅膀（从翅尖到翅尖）的测量值。

触角 昆虫头部附着的一对感觉器官，有嗅觉和触觉功能，有时兼有听觉功能。

地衣 藻类和真菌共生的植物。

冬眠 某些动物对抗冬季的不利条件进入的一种状态，表现有不活动、昏睡等。

二态性 一个物种分成形态上，如颜色、图案不同的两群的现象，通常是为了显示雌雄的差异。

腹足 昆虫幼虫柔软多肉的成对的突起，用于抓住树叶或树枝。

蝴蝶样带法 对蝴蝶定期进行的计数和监测。

激素 动物内分泌腺或内分泌细胞产生的调节生理过程或传递信息的化学物质。

寄生虫 寄生在另一种动物（通常体形更大）体内或体表的动物，从对方那里获取营养和庇护。

甲酸 俗称蚁酸，某些昆虫幼虫（或蚂蚁）为防御捕食者而产生的具有刺鼻气味的化学物质，有点像醋。

茧 幼虫吐丝制成的囊形保护性外壳，幼虫在其中蜕变为蛹。

鳞片 昆虫体壁微小、宽阔、扁平的结构，如覆盖在蝴蝶和飞蛾翅膀表面的鳞片，让翅膀有各种色彩与图案。

拟态 动物借助外形、颜色或图案等融入自然环境或模仿其他生物躲避天敌的能力。

栖息地 生物在自然界中的生活地的各种条件的总和。

迁徙 动物为变更栖息地依季节不同进行的大规模、长距离移动。

生态系统 在特定地点共生的生物与环境所组成的统一整体。

授粉 花粉从雄蕊花药转移到雌蕊柱头或胚珠的过程，通常由昆虫完成，以确保种子或果实的生长。

蜕皮 一些动物在生长过程中蜕去紧绷的表皮的现象。

温带 南北回归线与其对应极圈之间的纬度带，没有太阳直射光线，昼夜分明，四季分明。

腺体 动物体内产生和释放特定化学物质的器官。

香鳞 某些雄蝶翅膀上覆盖在释放香气的腺体上的特殊鳞片，它们能存储香味。

香腺 位于雄性蝴蝶或飞蛾尾部，用于释放化学气味以吸引雌性。

携播 昆虫等节肢动物之间的一种关系，即一种动物依附于另一种动物，由该动物携带着移动。

蛹 完全变态的昆虫幼虫变成成虫之前的形态。

越冬 因冬季过于湿冷，或没有食物生长而躲藏或转移到别处过冬。

中脉 叶片的中央支撑脉。

图书在版编目（CIP）数据

DK 绚丽的蝴蝶与飞蛾 /（英）理查德·琼斯著；（英）安吉拉·里扎，（英）丹尼尔·朗绘；诸葛雯译. 北京：中信出版社，2025. 8. -- ISBN 978-7-5217-7933-2

Ⅰ. Q964-49

中国国家版本馆 CIP 数据核字第 2025SS8839 号

Original Title: An Anthology of Butterflies and Moths: A Collection of Butterflies and Moths from Around the World

DK 绚丽的蝴蝶与飞蛾

著　　者：[英] 理查德·琼斯

绘　　者：[英] 安吉拉·里扎　[英] 丹尼尔·朗

译　　者：诸葛雯

出版发行：中信出版集团股份有限公司

（北京市朝阳区东三环北路 27 号嘉铭中心　邮编　100020）

承 印 者：北京顶佳世纪印刷有限公司

开　　本：787mm × 1092mm　1/16　　印　　张：8.5　　字　　数：213 千字

版　　次：2025 年 8 月第 1 版　　印　　次：2025 年 8 月第 1 次印刷

京权图字：01-2025-3157

书　　号：ISBN 978-7-5217-7933-2

定　　价：78.00 元

图书策划：青少科普中心

审校专家：韩辉林　　策划编辑：贾怡飞　高思宇

责任编辑：程凤　　营　　销：青少科普中心营销组

封面设计：谢佳静　　内文排版：谢佳静　李艳芝

出版商感谢以下组织与个人允许二次使用他们的照片：（缩写：a–上方；b–下方/底部；c–中央；f–远处；l–左方；r–右方；t–顶部）

2 SuperStock: Andrey Gudkov / Biosphoto. **3 Dreamstime.com:** Oleksii Kriachko (b). **6–125 Dreamstime.com**. **6 Alamy Stock Photo:** Jörgen Hellberg (cb); Alex Hyde / naturepl.com (cl). **Getty Images / iStock:** Antagain (cra). **7 Depositphotos Inc:** TTstudio (t). **8 Dreamstime.com:** John braid / Johnbraid (cl). **Shutterstock.com:** Stephan Morris (br). **9 Dreamstime.com:** Sushil Chikane (br); Jaromir Klein (cl); Filip Fuxa (cra). **Getty Images / iStock:** mjp (tl). **10 Alamy Stock Photo:** Andrew Newman Nature Pictures (cr). **Dreamstime.com:** Matunka (bl). **11 Alamy Stock Photo:** Arco / J. Fieber / Imagebroker (b). **Getty Images / iStock:** Tpopove (tr). **12 Alamy Stock Photo:** Darrell Gulin / Danita Delimont (tl); Science Photo Library (bl, br). **13 Alamy Stock Photo:** Michael Durham / Minden Pictures (b); Dominic Robinson (clb). **Shutterstock.com:** Super Prin (t). **15 Alamy Stock Photo:** Graham Mulrooney (b). **16 Alamy Stock Photo:** The Natural History Museum (b). **17 Dreamstime.com:** Yurakp (t). **18 Dreamstime.com:** Carlosphotos (t). **19 Dreamstime.com:** Simone Brambilla (b). **20 Alamy Stock Photo:** imageBROKER.com GmbH & Co. KG / Christian Huetter (b). **21 David Fischer:** (t). **22 Alamy Stock Photo:** Luiz Claudio Marigo / Nature Picture Library (b). **23 naturepl.com:** Ch'ien Lee (t). **24 Dreamstime.com:** Oleksii Kriachko (b). **25 Getty Images:** Jasius. **Getty Images / iStock:** phototrip (Stick). **26 Alamy Stock Photo:** FLPA (b). **27 Alamy Stock Photo:** The Natural History Museum. **28 Dreamstime.com:** Thawats (b). **29 Science Photo Library:** Lawrence Lawry (c). **30 Dreamstime.com:** Nexus7 (t). **31 Alamy Stock Photo:** Bob Jensen (b). **32 Paul Bertner:** (b). **33 Dave Rentz:** (t). **34 Dorling Kindersley:** Natural History Museum, London (b). **35 Shutterstock.com:** Leonardo Mercon (t). **36 Dreamstime.com:** Neirfy (t). **37 Alamy Stock Photo:** Mark Moffett / Minden Pictures (c). **38 Dreamstime.com:** Hakoar (b). **39 Dreamstime.com:** David Havel (t). **40 Dreamstime.com:** Matthew Omojola (b). **41 Shutterstock.com:** Butterfly Hunter (c). **42 Shutterstock.com:** Simon Shim (c). **43 Les Catchick:** (c). **44 Lorraine Harris**. **45 Getty Images:** Binu Balakrishnan Photography (b). **46 Getty Images / iStock:** PrinPrince (b). **47 Agnès de Pinho:** (t). **49 Dreamstime.com:** Leerobin (b). **50 Dreamstime.com:** Henk Wallays (b). **51 Alamy Stock Photo:** Andrew Darrington (t). **52 Getty Images / iStock:** Dirk Daniel Mann (b). **Shutterstock.com:** Svyatoslav A. Knyazev (cr). **53 Alamy Stock Photo:** Phil Degginger (bl). **Dreamstime.com:** Alexander Vysokikh (t). **54 Alamy Stock Photo:** Paul R. Sterry / Nature Photographers Ltd (b). **55 Alamy Stock Photo:** Alex Hyde / Nature Picture Library (t). **56 Dorling Kindersley:** Natural History Museum, London (t). **57 Alamy Stock Photo:** Paul R. Sterry / Nature Photographers Ltd (b). **58 Dreamstime.com:** Sweety308 (b). **59 Dreamstime.com:** Steve Byland (c). **60 Dreamstime.com:** Amelia Martin (b). **61 Alamy Stock Photo:** Paul R. Sterry / Nature Photographers Ltd (t). **62 Alamy Stock Photo:** blickwinkel / Hecker (t). **63 Alamy Stock Photo:** Frank Hecker (r). **64 Alamy Stock Photo:** DP Wildlife Invertebrates (b). **65 Dreamstime.com:** Marcouliana (b). **66 CSIRO:** (b). **67 Alamy Stock Photo:** Paul Harcourt Davies / Nature Picture Library (t). **68 Alamy Stock Photo:** Kjell Sandved (t). **69 Patrick Clement**. **70 Alamy Stock Photo:** Fotis Panagopoulos (b). **71 Robert Borth**. **72 Alamy Stock Photo:** Alex Hyde / naturepl.com (b). **74 Depositphotos Inc:** SemenovIgor. **75 Dreamstime.com:** Pimmimemom (b). **76 Dreamstime.com:** Mustafa Ozturk (b). **77 Getty Images:** Gary Chalker (t). **78 Alamy Stock Photo:** blickwinkel / F. Hecker (cl). **Dreamstime.com:** Samuel Ray (br). **79 Dreamstime.com:** Ian Redding (tl); Henk Wallays (b). **80 Dreamstime.com:** Spineback (t). **81 Dreamstime.com:** David Havel (b). **82 Dorling Kindersley:** Natural History Museum, London (b). **83 Alamy Stock Photo:** Alex Fieldhouse (c). **84 Janet Graham:** (b). **85 Dreamstime.com:** Alslutsky (t). **86 Alamy Stock Photo:** Selfwood (t). **87 Alamy Stock Photo:** Franz Neidl (b). **88 Shutterstock.com:** Petr Muckstein (b). **89 Dreamstime.com:** Cathy Keifer (b). **90 Andrew Bateman:** (t). **91 Alamy Stock Photo:** Peter Atkinson. **93 Dreamstime.com:** Stuart Andrews (t). **94 Dreamstime.com:** Simon Kovacic (b). **95 Dreamstime.com:** Halil Ibrahim Sari (b). **96 Adam Gor:** (t). **97 Alamy Stock Photo:** Steven Lee Montgomery / Photo Resource Hawaii. **98 Alamy Stock Photo:** blickwinkel / F. Hecker (b). **100 Dreamstime.com:** Musat Christian (t). **101 Getty Images / iStock:** ErikKarits (b). **102 Iain Middlebrook:** (b). **103 Alamy Stock Photo:** Andrew Newman Nature Pictures (t). **104 Alamy Stock Photo:** Andrew Newman Nature Pictures (r). **105 Dreamstime.com:** Cosmin Manci (b). **106 naturepl.com:** Robert Thompson (t). **107 Getty Images:** lukaszprajzner / 500px. **108 Shutterstock.com:** Anna Seropiani (b). **109 Alamy Stock Photo:** Paul R. Sterry / Nature Photographers Ltd (t). **110 Dreamstime.com:** Danut Vieru (b). **111 Alamy Stock Photo:** Ross Hoddinott / Nature Picture Library (b). **112 Minden Pictures:** Michel Gunther (b). **113 Alamy Stock Photo:** Neil Hardwick (t). **114 Dreamstime.com:** Cpaulfell (t). **115 Alamy Stock Photo:** Arto Hakola (b). **116 SuperStock:** Tonci Maletic / Biosphoto (t). **117 Naturfoto www.naturephoto-cz.com:** Jiri Bohdal (b). **118 Alamy Stock Photo:** blickwinkel / Koenig (t). **119 Alamy Stock Photo:** Frank Hecker. **120 Alamy Stock Photo:** Terrance Klassen (tl). **120–121 Shutterstock.com:** Dotted Yeti (b). **121 Alamy Stock Photo:** WildScapePhotos (tl). **Getty Images / iStock:** Nigel Harris (b). **122 Getty Images:** Kmatta (bl). Rothamsted Research: (cra). **Shutterstock.com:** Santi S (b). **123 Dreamstime.com:** Thawats (tl). **Science Source:** Tom McHugh (crb)

Cover images: *Front:* **Dreamstime.com:** Oleksii Kriachko b; *Back:* **Dreamstime.com:** John braid / Johnbraid cla, Yurakp cra; **Getty Images:** Jasius ca; *Spine:* **Dreamstime.com:** Oleksii Kriachko cb